河南省水利工程质量监督规程

2015 年 12 月

河南省水利水电工程建设质量监测监督站

图书在版编目(CIP)数据

河南省水利工程质量监督规程/河南省水利水电工程建
设质量监测监督站主编. —郑州:黄河水利出版社,2015.12
ISBN 978 - 7 - 5509 - 1305 - 9

Ⅰ.①河… Ⅱ.①河… Ⅲ.①水利工程 – 质量管理 –
河南省 Ⅳ.①TV512

中国版本图书馆 CIP 数据核字(2015)第 299316 号

出 版 社:黄河水利出版社
　　　　　地址:河南省郑州市顺河路黄委会综合楼 14 层　　　邮政编码:450003
发行单位:黄河水利出版社
　　　　　发行部电话:0371 - 66026940、66020550、66028024、66022620(传真)
　　　　　E-mail:hhslcbs@126.com
承印单位:河南承创印务有限公司
开本:880 mm × 1 230 mm　1/16
印张:3.75
字数:87 千字　　　　　　　　　　　　　　印数:1—2 000
版次:2015 年 12 月第 1 版　　　　　　　　印次:2015 年 12 月第 1 次印刷

定价:45.00 元

《河南省水利工程质量监督规程》
编写人员

主要编写人员：孙觅博　蔡传运　戚世森　王银山
　　　　　　　李　军(哈密)　高　翔　杜晓晓
　　　　　　　陈相龙　付瑞杰

参加编写人员：轩慎民　吕仲祥　易善亮　白建峰
　　　　　　　雷振华　杨东英　苏　航　李　鹏
　　　　　　　黄　山　张　彬　王相谦　李承骏
　　　　　　　王海涛　李松涛　李秀菊　魏　磊

前　言

根据国家有关法律、法规及行业技术标准的规定,按照《水利技术标准编写规定》(SL 1—2014)的要求,编制本规程。

本规程共 15 章 28 节 171 条 11 个附录,主要内容有:总则、规范性引用文件、术语和定义、基本规定、监督注册、工作方案及计划、项目划分、质量评定标准、监督检查、外观质量评定、工程验收、核备核定、质量问题处理、质量监督档案管理、附则、附录等。

本规程附录 A、附录 B、附录 C、附录 D、附录 E、附录 F、附录 G、附录 H、附录 I、附录 J、附录 K 为规范性内容。

本规程编写单位:河南省水利水电工程建设质量监测监督站

目　录

1 总 则

1.0.1 为贯彻国务院《建设工程质量管理条例》、《质量发展纲要(2011—2020 年)》、水利部《水利工程质量管理规定》和《河南省建设工程质量管理条例》等有关法规规定,提高河南省水利工程质量监督水平,规范水利工程质量监督工作,特制定本规程。

1.0.2 本规程适用于河南省各级水行政主管部门管辖的按照国家基本建设程序实施项目管理的水利工程(包括新建、扩建、改建),其他工程可参照执行。

1.0.3 水利工程实行政府部门监督、项目法人负责、监理单位控制、勘测设计和施工单位保证的质量管理体制。

政府部门监督不代替项目法人、监理、勘测、设计、施工等质量责任主体的质量管理工作;项目法人对水利工程质量负全面责任,监理、勘测、设计、施工单位按照合同及有关规定对各自承担的工作负责。

1.0.4 水利工程项目按照"谁组建项目法人,谁负责质量监督"的建设管理事权划分原则确定质量监督机构。

1.0.5 工程质量监督除应遵照本规程的规定外,尚应符合国家有关法律、法规和工程技术标准等规定。

2 规范性引用文件

2.0.1 《建设工程质量管理条例》(国务院令第 279 号)

2.0.2 《水利工程质量管理规定》(水利部令第 7 号)

2.0.3 《水利工程质量事故处理暂行规定》(水利部令第 9 号)

2.0.4 《水利工程建设监理规定》(水利部令第 28 号)

2.0.5 《水利工程建设监理单位资质管理办法》(水利部令第 40 号)

2.0.6 《水利工程建设项目验收管理规定》(水利部令第 30 号)

2.0.7 《水利工程质量检测管理规定》(水利部令第 36 号)

2.0.8 《水利工程质量监督管理规定》(水利部水建管〔1997〕339 号)

2.0.9 《水利水电工程施工质量检验与评定规程》(SL 176—2007)

2.0.10 《水利水电建设工程验收规程》(SL 223—2008)

2.0.11 《水利工程施工监理规范》(SL 288—2014)

2.0.12 《水利质量检测机构计量认证评审准则》(SL 309—2013)

2.0.13 《水利工程建设项目档案管理规定》(水利部水办〔2005〕480 号)

2.0.14 《工程质量监督工作导则》(建设部建质〔2003〕162 号)

2.0.15 《水利水电工程单元工程施工质量验收评定标准》(SL 631～SL 639)

2.0.16 《河南省建设工程质量管理条例(2010 年修正本)》(河南省人民代表大会常务委员会公告第 36 号)

3 术语和定义

3.0.1 水利工程质量监督

水行政主管部门或其组建的质量监督机构,根据有关法律、法规和标准以及经批准的设计文件,对质量责任主体和工程质量检测机构等单位履行质量责任的行为以及工程实体质量进行监督检查、维护公众利益的行政执法行为。

3.0.2 水利建设工程质量责任主体

参与水利工程建设的项目法人与勘测、设计、监理、施工、设备制造(供应商)等单位。

3.0.3 质量行为

在工程项目建设过程中,责任主体和工程质量检测机构等单位履行国家有关法律、法规及行业规定的质量责任及义务所进行的活动。

3.0.4 监督检查

质量监督机构根据有关工程设计文件、技术标准及规定,对责任主体和工程质量检测机构等单位履行质量责任的行为,以及对有关工程质量的文件、资料和工程实体质量等进行的检查活动。

3.0.5 监督检测

质量监督机构或质量监督机构委托有相应资质的检测单位对工程实体及工程原材料、构配件和设备进行的检测活动。

3.0.6 水利工程质量

工程满足国家、水利行业和其他相关标准及合同约定要求的程度,在安全、功能、适用、外观及环境保护等方面的特性总和。

3.0.7 质量评定

将质量检验结果与国家、水利行业和其他相关标准以及合同约定的质量标准所进行的比较活动。

3.0.8 工程项目

独立立项的、能够整体发挥综合效益的工程。

3.0.9 单位工程

具有独立发挥作用或独立施工条件的建筑物。

3.0.10 分部工程

在一个建筑物内能组合发挥一种功能的建筑安装工程,是组成单位工程的部分。对单位工程安全、功能或效益起决定性作用的分部工程称为主要分部工程。

3.0.11 单元工程

在分部工程中由几个工序(或工种)施工完成的最小综合体,是日常质量考核的基本单位。

3.0.12 关键部位单元工程

对工程安全效益、功能有显著影响的单元工程。

3.0.13 重要隐蔽单元工程

主要建筑物的地基开挖、地下洞室开挖、地基防渗、加固处理和排水等隐蔽工程中,对工程安全或功能有严重影响的单元工程。

3.0.14 工序

按施工的先后顺序将单元工程划分成的若干个具体施工过程或施工步骤。对单元工程质量影响较大的工序称为主要工序。

3.0.15 主要建筑物及主要单位工程

主要建筑物,指其失事后将造成下游灾害或严重影响工程效益的建筑物,如堤坝、泄洪建筑物、输水建筑物、电站厂房及泵站等。属于主要建筑物的单位工程称为主要单位工程。

3.0.16 中间产品

工程施工中使用的砂石骨料、石料、混凝土拌和物、砂浆拌和物、混凝土预制构件等土建类工程的成品及半成品。

3.0.17 外观质量

通过检查和必要的量测所反映的工程外表质量。

3.0.18 质量事故

在水利工程建设过程中,由于建设管理、勘测、设计、咨询、监理(监造)、施工、安全监测、材料、设备制造和安装等造成工程质量不符合国家、水利行业和其他相关标准以及合同约定的质量标准,影响工程使用寿命和对工程安全运行造成隐患和危害的事件。

质量事故包括一般质量事故、较大质量事故、重大质量事故和特大质量事故。

3.0.19 质量缺陷

对工程质量有影响,但小于一般质量事故的质量问题。

4 基本规定

4.0.1 质量监督的主要依据

1 国家和省有关工程质量管理的法律、法规、规章。

2 水利及其他相关行业技术标准。

3 经批准的设计文件,以及合同和其他文件等。

4.0.2 水利工程质量监督人员应具备的基本条件

1 具有相关工程专业学历,且有从事水利工程建设工作经历(大专5年以上,本科3年以上,硕士、博士1年以上)的本单位在职人员。

2 遵守国家法律法规,坚持原则,秉公办事,责任心强,熟悉国家工程建设质量管理的法律、法规、方针、政策及有关技术标准、规程、规范。

4.0.3 质量监督人员应持水利部"水政监察员证"或"河南省人民政府行政执法证(水行政执法)"进入现场开展质量监督工作。

4.0.4 水利工程建设项目的质量监督期从完成质量监督注册之日起,到通过竣工验收之日止。

4.0.5 大型工程宜设立工程质量监督项目站,其他工程应明确责任质量监督人员。

4.0.6 质量监督工作方式以抽查为主,根据需要进行巡回监督。

4.0.7 质量监督的主要内容

1 复核勘测、设计、施工、监理、检测和有关产品制作单位的资质;监督检查派驻现场机构人员的资格及投标承诺人员到位情况。

2 监督检查项目法人的质量管理体系,监理单位的质量控制体系和施工单位(含金结与机电设备)的质量保证体系,勘测、设计单位现场服务体系以及检测单位质量保证体系等。

3 确认工程项目划分和外观质量评定标准。

4 监督检查参建单位的技术规程、规范和质量标准,特别是工程建设标准强制性条文的执行情况。

5 监督检查工程质量检验与评定和法人验收情况,核定(核备)工程质量等级。

6 工程阶段验收时,提交工程质量评价意见;工程竣工验收时,提交工程质量监督报告。

4.0.8 监督权限

1 质量监督机构代表政府行使监督职能,对水利工程质量进行强制性监督管理,有关单位和个人对监督检查应当支持与配合,不得拒绝或阻碍质量监督人员依法执行职务。

2 质量监督人员有权进入施工现场对工程实体质量进行监督检查,调阅建设、监理(监造)、施工、安全监测等单位的工程档案资料,主要包括工程设计、批复文件、招投标文件、有关合同(协议)、设计变更文件、工程质量检验与评定资料、检测试验成果、检查记录、施工记录、抽检资料、有关报表等;有权对中间产品、水工金属结构、启闭机及机电等产品制造单位、检测单位等进行监督检查。

3 对违反技术标准、合同或设计文件要求施工的,责成项目法人(现场管理机构)采取措施立即整改。问题严重时,可责令停工整顿,并向水行政主管部门报告。

4 对派驻现场机构及人员情况不符合规定要求的,责成项目法人(现场管理机构)限期整改,情节严重或逾期不改的向水行政主管部门报告。

5 对参建单位不具备相应从业资格的人员,责成项目法人予以清退;对参建单位不能胜任职务或不认真履行职责的人员,责成项目法人督促相关单位进行更换;对弄虚作假、有严重违规行为的,向水行政主管部门报告;对造成较大以上工程质量事故的单位和个人,提请有关部门追究责任。

6 对使用不合格的原材料、中间产品、水工金属结构、启闭机及机电等产品的,责成项目法人将不合格产品清除出场,并委托有资质的检测机构对已完成的工程实体质量进行全面检测,根据检测结论制定方案进行整改,并将整改情况报质量监督机构备案,情节严重的向水行政主管部门报告。

7 对使用未经检验的原材料、中间产品的,责成项目法人委托有资质的检测机构进行检验,并对已完成的工程实体质量进行全面检测,根据检测结论制定方案,进行整改,并将整改情况报质量监督机构备案。

5 监督注册

5.0.1 项目法人应在工程开工前按规定到质量监督机构进行质量监督注册,填写《水利工程质量监督(补充)注册表》(详见附录 A),同时提交以下备案资料:

    1 项目法人(现场管理机构)成立文件和质量管理机构等资料;

    2 工程项目的设计、审批文件及施工图纸;

    3 项目法人与监理(监造)、勘测、设计、施工(含设备供应)等单位签订的合同(协议)副本;

    4 招标文件;

    5 勘测、设计、监理(监造)、施工(含设备供应)等单位的投标文件。

5.0.2 首次监督注册未包含全部建设内容的,项目法人应及时进行补充质量监督注册,填写《水利工程质量监督(补充)注册表》(详见附录 A),同时按 5.0.1 条要求提交补充备案资料。

5.0.3 质量监督机构收到监督(补充)注册资料后,应在 5 个工作日内完成注册登记。

5.0.4 项目法人未在开工前办理质量监督注册手续的,按相关规定进行处理。项目法人在开工后办理监督(补充)注册时,除提交监督注册的相关资料外,应同时提交已完工程形象进度、工程质量和各参建单位的机构组建等情况。

6 工作方案及计划

6.1 质量监督工作方案

6.1.1 质量监督工作方案由质量监督机构针对工程项目的特点,根据有关法律、法规和工程建设强制性标准编制,是开展质量监督工作的指导性文件。

6.1.2 质量监督工作方案主要包括:质量监督方式、监督范围、计划监督期限、责任监督员等。

6.1.3 质量监督机构应在首次监督注册后 10 个工作日内,将质量监督工作方案印发至项目法人。

6.1.4 项目法人进行补充注册后,质量监督方式没有变化的,可不再印发监督工作方案。

6.1.5 质量监督机构因工作需要改变或调整工作方式时,应重新印发监督工作方案。

6.2 质量监督计划

6.2.1 质量监督计划是具体开展监督工作的实施文件,有利于加强工作的主动性、针对性和有序性,使整个监督期的监督工作做到有的放矢。

6.2.2 质量监督计划分为总计划、年度计划、阶段计划。总计划在监督注册后编制,年度计划在每年年初编制,阶段计划在分期工程实施初期编制。年度计划和阶段计划可根据实际情况确定是否编写。

6.2.3 质量监督计划主要包括:项目基本情况、质量监督项目内容及时间、质量监督的方式与要求。

6.2.4 质量监督计划编制完成后,质量监督机构应及时印发至项目法人。

7 项目划分

7.0.1 项目法人应在监督注册后20个工作日内,组织监理、设计及施工等单位进行工程项目划分,确定主要单位工程、主要分部工程、重要隐蔽(关键部位)单元工程类型,并将项目划分表及说明报送责任监督员初审。

7.0.2 责任监督员应在5个工作日内完成初审,并将初审意见反馈项目法人。项目法人根据初审意见,在5个工作日内对项目划分进行补充完善后,书面报质量监督机构。

7.0.3 质量监督机构收到项目划分书面报告后,应在10个工作日内审核确认并书面通知项目法人。

7.0.4 工程实施过程中,需对单位工程、分部工程、重要隐蔽(关键部位)单元工程的项目划分进行调整时,项目法人应重新报送工程质量监督机构审核确认。

7.0.5 单元工程划分根据《水利水电工程单元工程施工质量验收评定标准》,在分部工程开工前,由项目法人或监理单位组织设计、施工等单位共同划分单元工程。单元工程划分结果应书面报送质量监督机构备案。

8 质量评定标准

8.0.1 水利工程施工质量评定应执行《水利水电工程施工质量检验与评定规程》和《水利水电工程单元工程施工质量验收评定标准》,未经批准不得擅自更改其相关内容。

8.0.2 在工程建设过程中,遇到《水利水电工程单元工程施工质量验收评定标准》中未涉及的单元(工序)工程质量评定标准时,项目法人应组织监理、设计和施工单位,根据技术规范、设计要求和设备生产厂商的技术说明书等,按照《水利水电工程单元工程施工质量验收评定标准》的格式制定质量评定标准,经责任监督员审核后,报河南省水利水电工程建设质量监测监督站批准后执行。

8.0.3 经批准的新增单元(工序)工程质量评定标准和表格在河南水利网(www.hnsl.gov.cn)质量监督专栏上公布,其他工程可直接使用。

8.0.4 采用非水利行业质量评定标准时,按以下原则执行:独立划分为单位工程的非水利工程,可直接采用相应行业标准评定;在单位工程、分部工程中部分采用非水利行业标准进行工程质量验收评定时,应经质量监督机构同意,并由项目法人书面报质量监督机构备案。

9 监督检查

9.1 质量体系检查

9.1.1 质量体系检查按照质量监督机构、各参建单位及检测单位的质量管理权限,自下而上分层进行检查、复查、核查。

9.1.2 合同项目开工前,监理机构应及时对施工单位(含金属结构与设备制造单位)的质量保证体系进行检查,填写《质量体系检查表》(详见附录 B 表 B.4、表 B.5)。

9.1.3 开工初期,项目法人应及时对监理机构质量控制体系、设计单位现场服务体系、检测单位质量保证体系进行检查,复查施工单位(含金属结构与设备制造单位)的质量保证体系,并填写《质量体系检查表》(详见附录 B 表 B.2、表 B.3、表 B.4、表 B.5、表 B.6)。

9.1.4 质量监督机构在进行资质复核和体系检查前,宜告知项目法人检查时间、要求、内容等。

9.1.5 质量监督机构在对项目法人质量管理体系检查时,应填写《质量体系检查表》(详见附录表 B.1);在对其他各参建单位和检测单位质量体系核查时,应主要核查项目法人的检查(复查)情况,填写核查意见,并将检查(核查)结果以《体系监督检查结果通知书》(详见附录 C.1)形式告知项目法人。

9.2 质量巡查

9.2.1 质量巡查采取质量监督机构组织专家组检查或由质量监督人员抽查的方式进行。专家组检查可根据工程建设情况预先制定检查方案;质量监督人员抽查应根据工程建设情况和监督计划适时进行。

9.2.2 质量巡查内容

  1 抽查各单位质量体系的运行情况,重点是主要管理人员的到位、出勤情况。

  2 抽查各单位执行技术规程、规范和质量标准情况,重点是工程建设标准强制性条文的执行情况。

  3 抽查单元工程施工质量验收评定情况。

  4 抽查施工图审查、设计交底、设计变更等相关程序的执行情况。

  5 抽查原材料、中间产品质量证明材料是否齐全。

  6 抽查施工单位和中间产品制作、采购单位对原材料、中间产品进场、入库、保管、出库的管理情况。

  7 抽查施工单位是否按有关规定对原材料、中间产品及工程实体质量进行了自检,检测项目、数量是否满足规定要求,检测结果是否满足规范及设计要求。

8 抽查监理机构是否对合同项目开工条件进行检查,是否对施工单位报验的原材料、中间产品的检验结果及时进行了签证,是否按有关规定进行了见证取样、跟踪检测、平行检测。

9 抽查制造单位对金属结构、机电设备的质量检验情况,监理机构参加交货验收情况。

10 抽查监理机构对施工设备进场报验的检查情况。

11 检查质量缺陷及质量事故处理情况。

12 检查项目法人对存在问题的组织整改情况等。

9.2.3 质量监督人员应及时填写《质量监督工作记录表》(详见附录 D),记录每次质量监督检查活动情况,主要包括检查内容、存在问题、整改要求等;按月填报质量监督月报。

9.2.4 质量监督检查发现有不规范质量行为的,质量监督人员应及时制止和纠正,记入《质量监督工作记录表》;情节严重或拒不改正的,除记入《质量监督工作记录表》外,质量监督机构还应及时向项目法人发出《质量监督检查结果通知书》(详见附录 C.2),并抄送有关水行政主管部门。

9.2.5 质量监督检查发现工程实体质量存在问题时,质量监督人员应及时记入《质量监督工作记录表》。质量监督机构应及时向项目法人发出《质量监督检查结果通知书》,并抄送有关水行政主管部门。

9.2.6 项目法人应对《质量监督检查结果通知书》中提出的问题及时进行整改,并将整改情况报质量监督机构备查。

9.2.7 质量监督机构对不按要求进行整改或整改不到位的单位按有关规定进行处理,并向水行政主管部门报告。

9.3　监督检测

9.3.1 监督检测是加强水利工程建设质量监督管理的重要手段,质量监督机构宜配备能满足工作需要的检测仪器、设备。

9.3.2 质量监督机构委托有资质的检测机构进行监督检测时,宜事先制定检测方案,明确抽检的项目、部位、内容、数量及采用的质量标准等。发现工程质量达不到合格标准的,项目法人应对检测不合格的部位制定方案进行整改,并将整改情况报质量监督机构备案。

9.3.3 质量监督人员直接进行检测时,发现工程质量达不到合格标准的,责成项目法人委托有相应资质的检测单位进行全面检测。项目法人应对检测不合格的部位制定方案进行整改,并将整改情况报质量监督机构备案。

10 外观质量评定

10.0.1 水利水电工程外观质量评定,按工程类型分为枢纽工程、堤防工程、引水(渠道)工程、其他工程等四类。

10.0.2 水利工程外观质量评定应执行《河南省水利工程外观质量评定实施办法》。

10.0.3 单位工程完工后,项目法人应及时委托有相应资质的检测单位对该单位工程外观质量进行检测。

10.0.4 外观质量评定由项目法人组织成立外观质量评定组具体实施。外观质量评定组由项目法人与监理、设计、施工及工程运行管理等单位持有外观质量评定证书的人员和从省外观质量评定专家库中抽取的专家共同组成。从省外观质量评定专家库中抽取的专家不少于3人。

10.0.5 质量监督机构列席外观质量评定工作,核查外观质量评定组的人员组成,评定的项目、评定标准、评定办法、抽检数量及外观质量评定结果,并根据检测报告和外观质量评定报告,核定该单位工程外观质量评定结论。

11 工程验收

11.1 一般规定

11.1.1 水利建设工程验收可分为法人验收和政府验收。法人验收包括分部工程验收、单位工程验收、水电站(泵站)中间机组启动验收、合同完工验收等;政府验收包括阶段验收、专项验收、水电站(泵站)首(末)台机组启动验收、竣工验收等。

11.1.2 工程验收应以下列文件为主要依据:

    1 国家现行有关法律、法规、规章和技术标准;

    2 有关主管部门的规定;

    3 经批准的工程立项文件、初步设计文件、调整概算文件及相应的工程变更文件;

    4 施工图纸及主要设备技术说明书等;

    5 法人验收还应以施工合同为依据。

11.1.3 验收工作由验收主持单位组织的验收委员会(或验收工作组)负责,验收结论应经过三分之二以上验收委员会(或验收工作组)成员同意。验收的成果性文件是验收鉴定书,验收委员会(或验收工作组)成员应在验收鉴定书上签字。对验收结论持有异议的,应将保留意见在验收鉴定书上明确记载并签字。

11.1.4 验收中发现的问题,其处理原则由验收委员会(或验收工作组)协商确定。主任委员(或组长)对争议问题有裁决权,但是半数以上验收委员会(或验收工作组)成员不同意裁决意见的,需报请验收主持单位决定。

11.1.5 验收委员会(或验收工作组)对工程验收不予通过的,应明确不予通过的理由并提出整改意见。有关单位应及时组织处理有关问题,完成整改,并按照程序重新申请验收。

11.1.6 验收资料制备由项目法人统一组织,有关单位应按要求及时完成并提交。验收资料分为应提供的资料和需备查的资料,资料提交单位应保证其资料的真实性并承担相应责任。

11.2 法人验收

11.2.1 工程开工后,项目法人应结合工程建设计划及时组织制定工程验收工作方案和计划,并将验收工作方案和计划报法人验收监督管理机关及质量监督机构备案。当工程建设计划调整时,工程验收工作方案和计划也应相应地调整并重新报法人验收监督管理机关及质量监督机构备案。

11.2.2 法人验收监督管理机关及质量监督机构负责法人验收的监督工作。

11.2.3 法人验收监督的方式主要包括现场检查、列席验收会议、对验收工作计划与验收成果性文件进行备案等。

11.2.4 项目法人应在法人验收前5个工作日通知质量监督机构。分部工程验收时质量监督机构宜派代表列席会议;单位工程验收时质量监督机构应派代表列席会议。

11.2.5 列席法人验收会议时,监督检查以下主要内容:

    1 验收条件是否具备;

    2 验收人员组成是否符合规定;

    3 验收程序是否规范;

    4 验收资料是否齐全;

    5 验收结论是否明确等。

11.2.6 分部工程验收工作组成员应具有中级及其以上技术职称或相应执业资格,项目法人的技术负责人、监理单位的总监理工程师、施工单位项目部的技术负责人应参加分部工程验收,参加分部工程验收的每个单位代表人数不宜超过2名。

11.2.7 单位工程验收工作组成员应具有中级及其以上技术职称或相应执业资格,项目法人的负责人、监理单位的总监理工程师、施工单位项目经理应参加单位工程验收,每个单位代表人数不宜超过3名。

11.2.8 质量监督机构列席验收会议时,应抽查法人验收的质量评定资料等相关资料,填写《单元工程施工质量验收评定情况监督抽查表》(详见附录E),作为核备(核定)验收质量结论的依据。

11.2.9 当监督人员发现工程验收不符合有关规定时,应及时要求验收主持单位予以纠正,必要时可要求暂停验收或重新验收。

11.2.10 验收过程中发现的技术性问题原则上应按合同约定进行处理。合同约定不明确的,按国家或行业技术标准规定处理。当国家或行业技术标准暂无规定时,由法人验收监督管理机关协调解决。

11.2.11 法人验收后,应按规定时间将验收质量结论报质量监督机构,质量监督机构应及时进行核备(核定)。

11.3 阶段验收

11.3.1 阶段验收包括枢纽工程导(截)流验收、水库下闸蓄水验收、引(调)排水工程通水验收、水电站(泵站)首(末)台机组启动验收、部分工程投入使用验收以及竣工验收主持单位根据工程建设需要增加的其他验收。

11.3.2 项目法人应在阶段验收前10个工作日通知质量监督机构。质量监督机构作为阶段验收委员会成员单位,派代表参加会议并提交工程质量评价意见。

11.3.3 质量监督机构根据涉及的已完单元工程质量评定情况及分部工程、单位工程验收质量结论的核定(核备)意见等编写工程质量评价意见。

11.3.4 工程质量评价意见的格式、内容详见附录F。

11.4 竣工验收质量监督工作

11.4.1 竣工验收分为竣工技术预验收和竣工验收两个阶段。

11.4.2 申请竣工验收前,项目法人应组织竣工验收自查。自查前10个工作日通知质量监督机构,质量监督机构应派员列席竣工验收自查会议。

11.4.3 项目法人应在完成竣工验收自查工作之日起10个工作日内,将自查的工程项目质量结论和相关材料报质量监督机构。

11.4.4 项目法人应根据竣工验收主持单位的要求和项目的具体情况,负责提出工程质量抽样检测的项目、内容和数量,经质量监督机构审核后报竣工验收主持单位核定。堤防工程质量抽检执行《水利水电建设工程验收规程》附录P。已按照批复的检测方案检测合格的,可不再重复检测。

11.4.5 检测工作应委托具有相应资质的工程质量检测单位按照核定(审核)的检测方案进行检测。项目法人应自收到检测报告10个工作日内将检测报告报竣工验收主持单位,同时报质量监督机构。

11.4.6 检测中发现的质量问题,项目法人应及时组织有关单位研究处理,处理结果报质量监督机构。

11.4.7 竣工技术预验收时,质量监督机构应参加会议并提交工程质量监督报告。

11.4.8 竣工验收时,质量监督机构作为竣工验收委员会成员单位,应派代表参加会议。

11.4.9 工程质量监督报告的格式、内容详见附录F。

12 核备核定

12.1 一般规定

12.1.1 质量监督机构核备内容主要包括重要隐蔽(关键部位)单元工程、分部工程验收质量结论、临时工程质量检验与评定标准。

12.1.2 质量监督机构核定内容包括大型枢纽工程主要建筑物的分部工程验收质量结论、单位工程外观质量评定结论、单位工程验收质量结论、工程项目质量等级。

12.1.3 项目法人应以书面形式将核定(核备)资料报质量监督机构。项目法人所报资料应有资料清单(详见附录G、附录H、附录I、附录J),并承诺对所报资料的真实性负责。质量监督机构应及时核查,并签署核定(核备)意见。

12.1.4 当质量监督机构对验收质量结论有异议时,项目法人应组织参加验收单位进一步研究,并将研究意见报质量监督机构。当双方对质量结论仍然有分歧意见时,应报法人验收监督管理机关协调解决。

12.2 重要隐蔽(关键部位)单元工程

12.2.1 项目法人应在每月月底前,将当月评定的重要隐蔽(关键部位)单元工程质量资料及时报送质量监督机构核备。质量监督机构应在收到核备资料之日后20个工作日内将核备意见反馈项目法人。

12.2.2 项目法人应向质量监督机构报送一套完整的重要隐蔽(关键部位)单元工程质量核备资料原件。核备资料宜包括以下内容:

1 重要隐蔽(关键部位)单元工程质量核查表(详见附录G);

2 重要隐蔽(关键部位)单元工程质量等级签证表(详见附录H);

3 工序/单元工程施工质量报验单;

4 单元工程质量验收评定表及"三检"表或施工原始记录等备查资料;

5 监理抽检资料;

6 地质编录;

7 测量成果;

8 检测试验报告(岩芯试验、软基承载力试验、结构强度等);

9 影像资料;

10 其他资料(旁站资料、质量缺陷备案资料等)。

12.2.3 质量监督机构对重要隐蔽(关键部位)单元工程资料的核备意见分为不齐全、基本齐全、齐全三个档次。

1 根据工程类别,涉及的资料存在下列情况之一的,质量监督机构在重要隐蔽(关键部位)单元工程质量等级签证表核备意见栏中填写"经核查,资料不齐全"的结论。

（1）无重要隐蔽(关键部位)单元工程质量等级签证表；

（2）无单元(工序)工程质量验收评定表；

（3）无"三检"资料；

（4）无灌浆施工原始记录；

（5）资料不真实。

2 根据工程类别,涉及的资料存在下列情况之一的,质量监督机构在重要隐蔽(关键部位)单元工程质量等级签证表核备意见栏中填写"经核查,资料基本齐全,同意备案"的结论。

（1）重要隐蔽(关键部位)单元工程质量等级签证表签字不完整；

（2）"三检"资料不完整；

（3）灌浆施工原始记录不完整；

（4）无地质编录；

（5）无检测试验报告(岩芯试验、软基承载力试验、结构强度等)；

（6）采用未经质量监督机构批准的自制质量评定标准和表格。

3 涉及的资料无上述两种情况的,质量监督机构在重要隐蔽(关键部位)单元工程质量等级签证表核备意见栏中填写"经核查,资料齐全,同意备案"的结论。

4 重要隐蔽(关键部位)单元工程评定后,报送滞后 2 个月及以上的,在核备意见中增加"报送滞后"。

12.3 分部工程

12.3.1 项目法人应在分部工程验收通过之日后 10 个工作日内,将验收质量结论和相关资料(详见表 I.1)报质量监督机构核备。大型枢纽工程主要建筑物分部工程的验收质量结论应报质量监督机构核定。质量监督机构应在收到验收质量结论之日后 20 个工作日内,将核备(核定)意见书面反馈项目法人。

12.3.2 核备分部工程验收质量结论时,应核查该分部工程涉及的原材料、中间产品、混凝土(砂浆)试件以及金属结构、启闭机、机电产品等资料；还应抽查单元工程资料,数量不少于该分部工程中单元工程数量的 10%(不含已核备的重要隐蔽、关键部位单元工程),且每种单元工程类型至少抽查 1 个。单元工程抽查资料的评价按 11.2.8 条的要求进行。

12.3.3 原材料、中间产品、混凝土(砂浆)试件以及金属结构、启闭机、机电产品等资料存在问题时,应按 12.1.4 条处理。

12.3.4 分部工程资料齐全、基本齐全、不齐全的标准：

1 当原材料、中间产品、混凝土(砂浆)试件以及金属结构、启闭机、机电产品等资料符合要求,抽查单元工程(含已核备的重要隐蔽、关键部位单元工程)中资料齐全比例达到 90% 以上,且没有资料不齐全的单元工程时,该分部工程资料评价意见为"资料齐全"。

2 当原材料、中间产品、混凝土（砂浆）试件以及金属结构、启闭机、机电产品等资料符合要求，抽查单元工程（含已核备的重要隐蔽、关键部位单元工程）中资料齐全比例达到90%以上，但存在资料不齐全的单元工程时，则该分部工程资料评价意见为"资料基本齐全"。

3 当原材料、中间产品、混凝土（砂浆）试件以及金属结构、启闭机、机电产品等资料符合要求，抽查单元工程（含已核备的重要隐蔽、关键部位单元工程）中资料齐全比例小于90%，而资料齐全和基本齐全比例达到50%以上时，则该分部工程资料评价意见为"资料基本齐全"。

4 当抽查单元工程（含已核备的重要隐蔽、关键部位单元工程）中资料齐全和基本齐全比例小于50%时，应增加对该分部工程的资料抽查数量，必要时可以全部检查。若增加抽查资料数量后被检查的资料中资料齐全和基本齐全比例达到50%以上，则该分部工程资料评价意见为"资料基本齐全"。若达不到50%以上，则该分部工程的资料评价意见为"资料不齐全"。对分部工程资料评价意见为"资料不齐全"的，应要求项目法人委托具有相应资质的检测单位对该分部工程进行全面质量检测。检测结论为合格的，可按合格工程备案；检测结论为不合格的，按不合格工程处理。

12.3.5 分部工程验收质量结论的核备意见为：

当分部工程资料评价意见为"资料齐全"的，质量监督机构对该分部工程验收质量结论的核备意见为"资料齐全，同意备案"。

当分部工程资料评价意见为"资料基本齐全"，且验收结论为合格的，质量监督机构对该分部工程验收质量结论的核备意见为"资料基本齐全，同意备案"。

当分部工程资料评价意见为"资料基本齐全"，而验收结论为优良的，按照12.1.4条处理。

当分部工程资料评价意见为"资料不齐全"，验收结论为优良的，经检测合格，按照12.1.4条处理。

当分部工程资料评价意见为"资料不齐全"，验收结论为合格的，经检测合格，质量监督机构核备意见为"资料不齐全，检测结论合格，同意备案"。

12.3.6 分部工程验收质量结论核定，应依据分部工程实体质量检测报告，并按12.3.4条的要求对工程资料进行核查。

12.3.7 大型枢纽工程主要建筑物分部工程的实体质量检测，由项目法人根据工程的具体情况提出工程质量检测的项目、内容和数量，报质量监督机构审核后，委托有资质的检测单位进行检测。

12.3.8 分部工程实体质量检测结果满足设计及规范要求时，分部工程质量验收结论核定：

当分部工程资料评价意见为"资料齐全"的，质量监督机构核定意见为"资料齐全，同意验收质量结论"。

当分部工程资料评价意见为"资料基本齐全"，且验收结论为合格的，质量监督机构核定意见为"资料基本齐全,同意验收质量结论"。

当分部工程资料评价意见为"资料基本齐全"或"资料不齐全",而验收结论为优良的,按照12.1.4条处理。

当分部工程资料评价意见为"资料不齐全",验收结论为合格,且检测结论合格的,质量监督机构核定意见为"该分部工程资料不齐全,可定为合格"。

12.3.9 分部工程实体质量检测结果不满足设计及规范要求,应及时按下列要求进行处理。

1 全部返工重做的,可重新评定质量等级;

2 经加固补强并经设计及监理单位鉴定能达到设计要求时,其质量评定为合格;

3 处理后的工程部分质量指标仍达不到设计要求时,经设计复核,项目法人及监理单位确认,能满足安全和使用功能要求,可不再进行处理;或经加固补强后,改变了外形尺寸或造成工程永久性缺陷的,经项目法人、监理及设计单位确认能基本满足设计要求,其质量可定为合格,但应按规定进行质量缺陷备案。

12.3.10 采用非水利行业标准进行质量评定的分部工程,其验收执行相关行业标准。

12.4 单位工程

12.4.1 项目法人应在单位工程验收通过之日起10个工作日内,将验收质量结论和相关资料(详见表I.3)报质量监督机构核定。质量监督机构应在收到验收质量结论之日起20个工作日内,将核定意见反馈项目法人。

12.4.2 监理机构应参考质量监督机构对分部工程验收质量结论的核定(核备)意见,填写《单位工程施工质量检验与评定资料核查表》核查意见。

质量监督机构对监理机构填写《单位工程施工质量检验与评定资料核查表》核查意见有异议时,可要求监理机构重新进行核查。

12.4.3 单位工程施工质量评定前应进行检测。项目法人应根据工程的具体情况提出工程质量检测的项目、内容和数量,报质量监督机构审核后,委托有资质的检测单位进行检测。该单位工程中分部工程已按质量监督机构审核的检测方案检测的,不做重复检测。

12.4.4 质量监督机构应根据工程档案资料、分部工程核定(核备)意见、单位工程外观质量评定结果、工程质量检测报告,核定质量等级。

12.4.5 单位工程施工质量同时满足下列标准时,其验收质量结论核定为"合格":

1 所含分部工程质量全部合格;

2 质量事故已按要求进行处理;

3 工程外观质量得分率达到70%以上;

4 单位工程施工质量检验与评定资料基本齐全;

5 单位工程实体质量检测结论合格;

6 工程施工期及试运行期,单位工程观测资料分析结果符合国家和行业技术标准以及合同约定的标准要求。

12.4.6 单位工程施工质量同时满足下列标准时,其验收质量结论核定为"优良":

1 所含分部工程质量全部合格,其中70%以上达到优良等级(按非水利行业标准评定且无优良等级的分部工程,不计入优良率统计),主要分部工程质量全部优良,且施工中未发生过较大质量事故;

2 质量事故已按要求进行处理;

3 工程外观质量得分率达到85%以上;

4 单位工程施工质量检验与评定资料齐全;

5 单位工程实体质量检测结论合格;

6 工程施工期及试运行期,单位工程观测资料分析结果符合国家和行业技术标准以及合同约定的标准要求。

12.4.7 采用非水利行业标准进行质量评定的单位工程,其验收执行相关行业标准。

12.5　工程项目

12.5.1 工程项目质量,在单位工程质量核定合格后,由监理单位(当监理单位为两家或两家以上时,由项目法人指定一家监理单位)进行统计并评定工程项目质量等级,经竣工验收自查,项目法人认定质量等级后报工程质量监督机构核定。

12.5.2 工程项目施工质量同时满足下列标准时,其质量等级核定为"合格":

1 单位工程质量全部合格;

2 工程施工期及试运行期,各单位工程观测资料分析结果均符合国家和行业技术标准以及合同约定的标准要求。

12.5.3 工程项目施工质量同时满足下列标准时,其质量等级核定为"优良":

1 单位工程质量全部合格,其中70%以上单位工程质量达到优良等级(按非水利行业标准评定且无优良等级的单位工程,不计入优良率统计),且主要单位工程质量全部优良;

2 工程施工期及试运行期,各单位工程观测资料分析结果均符合国家和行业技术标准以及合同约定的标准要求。

13 质量问题处理

13.1 质量缺陷备案

13.1.1 在施工过程中发现工程质量缺陷的,监理单位应及时组织填写质量缺陷备案表。

13.1.2 质量缺陷备案表中应明确质量缺陷是否进行处理,并由工程参建单位代表在质量缺陷备案表上签字、盖公章,若有不同意见应明确记载。

13.1.3 质量缺陷经过处理的,应有质量缺陷处理施工记录和处理后的验收记录。

13.1.4 质量缺陷备案资料包括质量缺陷备案表及施工质量缺陷处理方案报审表、施工质量缺陷处理措施计划报审表、验收记录,由项目法人按月报质量监督机构登记备案。质量监督人员应根据项目法人报送的质量缺陷备案资料及时填写《水利水电工程质量缺陷备案登记表》(详见附录K)。质量监督人员应对质量缺陷处理情况进行检查。

13.1.5 质量监督机构提交的工程质量监督报告(或评价意见)中应明确记载质量缺陷备案情况。

13.2 质量事故处理

13.2.1 工程质量事故发生后,项目法人按照管理权限向上级主管部门报送事故情况的同时,应及时报相应质量监督机构。

13.2.2 质量监督机构接到工程质量事故报告后,应及时派员到现场了解情况。

13.2.3 项目法人必须按有关规定针对事故原因提出处理方案,报有关单位审定。审定后的处理方案,项目法人应及时报质量监督机构备案。

13.2.4 工程质量事故处理后,项目法人应委托具有相应资质等级的工程质量检测单位进行检测,按照处理方案确定的质量标准,重新进行工程质量评定,并及时将工程质量事故处理情况报质量监督机构备案。

13.3 质量问题举报的调查处理

13.3.1 质量监督机构在收到匿名举报质量问题时,根据实际情况妥善处理。

13.3.2 质量监督机构在收到实名举报和新闻媒体报道的质量问题时,应认真对待,必要时做好保密工作,并及时安排有关人员到现场调查。

13.3.3 经查实存在质量问题的,应通知项目法人采取措施进行整改。问题严重的,责令停工整顿,并向有关部门报告。

13.3.4 对实名举报质量问题的调查结果应及时反馈。

14 质量监督档案管理

14.1 一般规定

14.1.1 质量监督机构应按有关法规规定进行工程质量监督档案管理。

14.1.2 质量监督工作推行信息化管理,质量监督机构宜推广水利工程质量监督管理软件对工程质量实时监督管理。

14.1.3 质量监督档案资料整理应与监督工作同步进行。水利工程质量监督档案按保管期限可分为长期、短期两种。对于长期保存资料,其材料的收集、整理应符合《科学技术档案案卷构成的一般要求》(GB/T 11822—2008),其保存期限符合相关规定。短期保存的资料可在工程竣工验收前,返还项目法人。

14.2 质量监督档案包括的主要内容

14.2.1 质量监督机构应长期保存的资料:

1 水利工程质量监督注册表、项目站成立文件及规章制度等。

2 工程质量监督工作方案、质量监督总计划、阶段计划。

3 参建单位质量体系检查通知、质量体系检查表、质量监督检查结果通知书及项目法人相应整改报告等。

4 工程项目划分和外观质量评定标准确认文件、新增单元(工序)工程质量评定表批准文件等。

5 检测方案确认文件、检测报告、质量监督机构抽检报告等。

6 工程质量评定与法人验收资料,包括重要隐蔽(关键部位)单元工程质量等级签证表、核查表,分部工程验收质量结论核定(核备)报送资料清单表,分部工程施工质量评定表、核查表,单位工程外观质量评定表,单位工程验收质量结论核定报送资料清单表,单位工程施工质量评定表、核查表,工程项目施工质量评定表等。

7 质量监督机构组织召开的会议记录、质量监督会议纪要、质量监督工作总结(自查报告)等。

8 工程质量监督工作记录。

9 工程质量监督月报。

10 工程质量缺陷备案资料、质量事故备案资料、质量问题调查处理报告及相关材料。

11 政府验收有关资料,包括阶段验收鉴定书、竣工验收自查的工程项目质量结论及相关资料、竣工验收鉴定书。

12 工程质量评价意见、工程质量监督报告等。

13 工程影像资料。

14.2.2 质量监督机构宜短期保存的项目法人资料：

1 项目审批文件、项目法人组建文件、项目法人汇报材料、规章制度等。

2 工程项目的招标文件、中标单位的投标文件及合同文件。

3 项目法人对设计、监理、施工等参建单位的现场主要管理人员情况、质量管理体系的核查资料。

4 质量管理月报等。

14.2.3 质量监督机构宜短期保存的设计单位资料：

1 设计单位成立设代机构文件。

2 设计文件包括施工图阶段设计报告、设计图纸、设计变更等。

14.2.4 质量监督机构宜短期保存的监理单位资料：

1 现场机构组建文件、总监任命及监理人员资料。

2 监理规划、监理实施细则、规章制度等。

14.2.5 质量监督机构宜短期保存的施工单位资料：

1 项目部成立文件及项目经理、技术负责人、质检部门负责人等任命文件。

2 批准的施工组织设计等。

14.2.6 其他。

15 附 则

15.0.1 本规程由河南省水利水电工程建设质量监测监督站负责解释。

15.0.2 本规程自发布之日起施行。

附录 A 水利工程质量监督(补充)注册表

表 A.1 水利工程质量监督(补充)注册登记表格式

注册编号:豫水 20××-×××

水利工程质量监督(补充)注册登记表

工程名称:

项目法人: (盖章)

法定代表人: (签字)

20××年××月××日

填表说明

1 项目法人应严格按照《水利工程质量监督(补充)注册登记表》的格式、内容如实填写,报质量监督机构登记注册。

2 注册编号由质量监督机构确定。如河南省水利水电工程建设质量监测监督站的注册编号为"豫水20××-×××","豫水"代表省站监督的水利工程项目,"20××"代表注册年份,"×××"代表当年注册序号。

3 《水利工程质量监督(补充)注册登记表》中,项目法人的主要管理人员应根据实际情况填写,其他参建单位人员应根据投标文件填写。

4 主要建设内容应按批复的初步设计内容填写。

5 监督注册回执单中,首次注册时将"补充"用"/"划掉。

6 补充注册只填写首次注册未填写的内容。

工程名称			建设地点	
工程项目 主管部门				
可行性 研究报告	批准机关			
	批准日期、 文号			
初步设计 报告 (实施方案)	批准机关			
	批准日期、 文号			
	批复工期			
计划开工日期			计划竣工日期	
主要建设内容				
主要 工程量 及投资	土石方	万 m³	混凝土及 钢筋混凝土	万 m³
	砌体	万 m³	总投资	万元
项目 法人	名　　称			
	法定代表人	职称及 证书编号		联系电话
	技术负责人	职称及 证书编号		联系电话
	质检部门 负责人	职称及 证书编号		联系电话
				电子信箱
现场 管理 机构	名　　称			
	现场负责人	职称及 证书编号		联系电话
	技术负责人	职称及 证书编号		联系电话
	质检部门 负责人	职称及 证书编号		联系电话
		资格证书 及编号		电子信箱

		名 称			资质等级 及证书编号		
勘测 单位		法定代表人		职务 职称		联系电话	
	现场 主要 人员	负责人		职称及 证书编号		联系电话	
		成员		职称及 证书编号		联系电话	
		成员		职称及 证书编号		联系电话	
设 计 单 位		名 称			资质等级 及证书编号		
		法定代表人		职务 职称		联系电话	
	现场 主要 人员	负责人		职称及 证书编号		联系电话	
		成员		职称及 证书编号		联系电话	
		成员		职称及 证书编号		联系电话	
设 备 制 造 单 位		名 称			资质或生产(制 造)许可证号		
		法定代表人		职务 职称		联系电话	
		项目负责人		职称及 证书编号		联系电话	
		设备制造 主要内容					
		设备制造 工程量					

监理单位	名　　称			资质等级 及证书编号	
	法定代表人		职务 职称		联系电话
	总监理 工程师		职称及 证书编号		联系电话
			总监岗位 证书编号		电子邮箱
	副总监理 工程师		职称及 证书编号		联系电话
			证书编号		电子邮箱
	监理工程师		证书编号		联系电话
	监理工程师		证书编号		联系电话
	监理工程师		证书编号		联系电话
	监理员		证书编号		联系电话
	监理员		证书编号		联系电话
	监理员		证书编号		联系电话

	名　称			资质等级及证书编号	
施工单位	法定代表人		职务职称		联系电话
	项目经理		职称及证书编号		联系电话
			建造师证书编号		电子信箱
	技术负责人		职称及证书编号		联系电话
	质检部门负责人		职称及证书编号		联系电话
			证书编号		电子信箱
	标段主要建设内容及投标报价				
	工程量	土石方		混凝土及钢筋混凝土	
		砌体		（其他）	
施工单位	名　称			资质等级及证书编号	
	法定代表人		职务职称		联系电话
	项目经理		职称及证书编号		联系电话
			建造师证书编号		电子信箱
	技术负责人		职称及证书编号		联系电话
	质检部门负责人		职称及证书编号		联系电话
			证书编号		电子信箱
	标段主要建设内容及投标报价				
	工程量	土石方		混凝土及钢筋混凝土	
		砌体		（其他）	

表 A.2　水利工程质量监督(补充)注册回执

工程名称			建设地点	
主管部门				
主要建设内容				
计划开工日期	20××年××月		计划竣工日期	20××年××月
质量监督期限	20××年××月至20××年××月			
质量监督人员	项目监督负责人	职称	联系电话 电子信箱	
	监督员	职称	联系电话 电子信箱	
	联络员	职称	联系电话 电子信箱	
质量举报电话			质量举报 电子信箱	
工程质量监督单位注册意见	经审查: 1 □项目法人所报资料齐全。 　□项目法人所报资料基本齐全,请尽快补充报送以下资料: 　　1) 　　2) 　　3) 　2　该项目符合监督注册条件,同意注册。我站从即日起对该项目进行质量监督。 　　　　　　　　　　　　　　　　负责人(签字):×××　 　　　　　　　　　　　　　　　　　(盖公章) 　　　　　　　　　　　　　　　　20××年××月××日			
备注	1 在质量监督期内,工程停工、复工、新开工时,项目法人应以书面形式告知质量监督机构。 　2 项目法人应根据工程建设情况,按要求及时补充报送"水利工程质量监督(补充)注册登记表"等相关资料。			

质 量 责 任

水利工程质量实行政府部门监督、项目法人负责、监理单位控制、施工单位保证的质量管理体制。

质量监督机构履行政府部门监督职能,不代替项目法人、监理、设计、施工等参建单位的质量管理工作。水利工程质量由项目法人负全面责任。监理、设计、施工等单位按照合同及有关规定对各自承担的工作负责。

质量监督机构依法对水利工程质量进行强制性监督管理,项目法人和监理、设计、施工等单位及质量检测机构在工程建设阶段,必须主动接受质量监督机构的监督。有关单位和个人对监督检查应当支持与配合,不得拒绝或阻碍质量监督人员依法执行职务。工程建设各方均有责任和权力向质量监督机构反映工程质量问题。

项目法人和监理、设计、施工和检测等单位违反国家规定,降低工程质量标准,造成质量事故的,将按《建设工程质量管理条例》(国务院令第279号)追究有关单位和人员的责任。

附录 B 质量体系检查表格式

表 B.1 项目法人(现场管理机构)质量管理体系检查表

项目法人(现场管理机构):_____

检查项目	检查内容	检查情况		
组织机构	机构成立情况	机构成立文件:_____		
		机构组建: □符合规定 □不符合规定		
	内设部门情况	部门成立文件:_____		
		内设部门名称:_____		
		_____共设_____个部门		
		现场管理部门: □有 □无		
		独立质检部门: □有 □无		
人员配备	法定代表人(现场负责人)情况	法定代表人(现场负责人) 姓名:_____ □专职 □兼职		
	技术负责人职称专业	技术负责人姓名:_____,职称_____,专业_____		
		□符合规定要求 □不符合规定要求		
	管理人员情况	人员数量:共_____人;其中高级职称_____人,中级职称_____人,初级职称_____人		
		专业情况:_____专业_____人;_____专业_____人;_____专业_____人;_____专业_____人		
		人员结构情况: □符合规定要求 □不符合规定要求		
	质检部门人员情况	人员数量:共_____人,其中持水利工程质量检查(检测)员证_____人		
		质检科长持证情况:□有 □无		
质量管理	制度建立情况	1.质量责任制		
		2.质量检查制度		
		3.质量例会制度		
		4.质量奖惩制度		
		5.其他		
	对监理机构质量控制体系检查情况	是否检查: □检查 □未检查		
	对设计单位现场服务体系检查情况	是否检查: □检查 □未检查		
	对工地第三方实验室质量管理体系检查情况	是否检查: □检查 □未检查		

质量监督机构核查意见:

质量监督人员:×××　×××(签名)
　　　　　　　年　　月　　日

表 B.2 监理单位质量控制体系检查表

监理单位：

检查项目	检查内容	检查情况
组织机构	监理资质	资质等级：_____资质证书编号：_____ □符合要求　　　　　□不符合要求
	监理机构设置情况	监理机构成立文件：_____ 机构组成情况：_____ □按投标文件承诺组建　　　□未按投标文件承诺组建
监理人员	投标文件人员情况	人员数量：共____人，其中 监理工程师____人，监理员____人，监理工作人员____人； 专业情况：____专业____人，____专业____人，____专业____人
	监理机构人员到岗情况	到岗人员数量：共____人，其中 监理工程师____人，监理员____人，监理工作人员____人； 专业情况：____专业____人，____专业____人，____专业____人 □满足工作要求　□基本满足工作要求　□不满足工作要求
	监理机构到岗人员变更情况	监理工程师变更____人，监理员变更____人 □符合规定　　　　　□不符合规定
	总监理工程师	到岗情况：□未变更　□变更符合规定　□变更不符合规定
	副总监理工程师	到岗情况：□未变更　□变更符合规定　□变更不符合规定
监理检测	检测设备进场情况	主要检测设备：_____ 是否满足监理工作需要：□满足　　□基本满足　　□不满足
	进场检测设备检定情况	主要检测设备数量____，其中检定设备数量____，未检定设备数量____ □符合规定　　　　　□不符合规定
	检测人员持证上岗情况	持证人员数量____人 □满足　　　　　□不满足
	平行、跟踪检测情况	□符合规定　　　　　□不符合规定
质量控制	监理规划	□满足要求　□基本满足要求　□不满足要求　□未编制
	监理实施细则	□满足要求　□基本满足要求　□不满足要求　□未编制
	岗位责任制建立情况	□完善　　□基本完善　　□不完善　　□未建立
	质量控制制度	□完善　　□基本完善　　□不完善　　□未建立
	监理规范表格使用情况	□符合要求　□基本符合要求　□不符合要求
	监理日记	□完整　　□不完整　　□无记录
	监理日志	□完整　　□不完整　　□无记录
	会议纪要	□符合要求　□基本符合要求　□不符合要求
	对施工单位质量保证体系检查情况	□检查　　　　□未检查
	对设备制造单位质量保证体系检查情况	□检查　　　　□未检查
项目法人检查意见：		检查人：(签名) 　　　年　月　日
质量监督机构核查意见：		质量监督员：(签名) 　　　年　月　日

表 B.3　勘测设计单位现场服务体系检查表

勘测设计单位：

检查 项目	检查内容	检查情况
组织 机构	勘测设计资质	资质等级：_____ 资质证书编号：_____ □符合要求　　　□不符合要求
	现场设代机构 （设代/地代）	□已成立(明确)　　□未成立(未明确)
设代/ 地代 人员	项目负责人	□明确　　　　　　□未明确
	人员数量及专业	共_____人,其中高级_____人,中级_____人,初级_____人; 专业情况：_____专业_____人,_____专业_____人,_____专业 _____人 □满足需要　　□基本满足需要　　□不满足需要　　□未配置
服务 制度	设计文件、 图纸签发制度	□完善　　　　　□不完善　　　　　□无
	单项设计技术 交底制度	□完善　　　　　□不完善　　　　　□无
	现场设计通知、 设计变更的审核 及签发制度	□完善　　　　　□不完善　　　　　□无
项目法人检查意见： 　　　　　　　　　　　　　　　　　　　　　　　　检查人:(签名) 　　　　　　　　　　　　　　　　　　　　　　　　　　年　　月　　日			
质量监督机构核查意见： 　　　　　　　　　　　　　　　　　　　　　　　质量监督人员:(签名) 　　　　　　　　　　　　　　　　　　　　　　　　　　年　　月　　日			

表 B.4 施工单位质量保证体系检查表

施工单位：

检查项目	检查内容	检查情况
组织机构	施工资质	资质等级：_____ 资质证书编号：_____ □符合要求 □不符合要求
组织机构	项目部组建	项目部成立文件：_____ 内设部门名称：_____ _____共设____个部门 独立质检部门：□有 □无
组织机构	现场实验室	建立或委托情况：□建立 □委托 □未建立、无委托
施工人员	主要管理人员 到岗情况	人员数量：共____人，其中工程师以上____人，助理工程师____人 人员情况：□满足工程需要 □不满足工程需要
施工人员	项目经理	□未变更 □变更符合规定 □变更不符合规定
施工人员	技术负责人	□未变更 □变更符合规定 □变更不符合规定
施工人员	质检机构负责人	□未变更 □变更符合规定 □变更不符合规定
施工人员	质检人员	到岗____人，持质检证____人 持证情况：□全部持证 □部分持证 □无持证人员
施工人员	关键岗位人员	到岗____人，持证____人 人员情况：□满足工程需要 □不满足工程需要
工地实验室	有工地实验室 / 仪器设备进场情况	主要仪器设备：_____ 是否满足施工实验需要：□满足 □基本满足 □不满足
工地实验室	有工地实验室 / 进场仪器检定情况	主要仪器设备数量____，其中检定仪器设备数量____，未检定仪器设备数量____ □符合规定 □不符合规定
工地实验室	有工地实验室 / 检测人员	共____人，持证人员：____人，其中量测类____人，岩土类____人，混凝土类____人，机电类____人，金属结构类____人 专业类别：□满足要求 □基本满足要求 □不满足要求
工地实验室	无工地实验室	□委托第三方检测协议 □没有委托第三方检测
机械设备	机械设备进场情况	进场施工设备的数量、规格、性能是否满足施工合同的要求： □满足 □基本满足 □不满足
机械设备	报验情况	□报验 □未报验
质量保证规章制度	岗位责任制建立情况	共____个，包括_____ □完善 □基本完善 □不完善
质量保证规章制度	工程质量保证制度建立情况	共____个，包括_____ □完善 □基本完善 □不完善
质量保证规章制度	采用的规程、规范、质量标准情况	□有效 □部分无效
质量保证规章制度	"三检制"	制定情况：□按规定制定 □未按规定制定 □未制定
质量保证规章制度	施工技术方案	申报情况：□已申报 □未申报
质量保证规章制度	技术工人技术交底情况	进行情况：□按要求进行 □未按要求进行

监理单位检查意见：
检查人：(签名) 　　年　　月　　日

项目法人复查意见：
复查人：(签名) 　　年　　月　　日

质量监督机构核查意见：
质量监督人员：(签名) 　　年　　月　　日

表 B.5 金属结构与设备制造安装单位质量保证体系检查表

设备制造单位名称：

检查项目	检查内容	检查情况
资质情况	设备安装资质等级	资质等级：_____ 资质证书编号：_____ □符合要求　　　　　□不符合要求
	设备生产（制造）许可（合格）证	设备生产（制造）许可（合格）证：_____ 许可种类：闸门类、防腐处理、电气、压力钢管类、清污装置类 □符合要求　　　　　□不符合要求
	启闭机使用许可证	启闭机使用许可证编号：_____ □符合要求　　　　　□不符合要求
人员配备	项目负责人	姓名_____职称_____专业_____ □明确　　　　　　　□未明确
	质量负责人	姓名_____职称_____专业_____ □明确　　　　　　　□未明确
	技术负责人	姓名_____职称_____专业_____ □明确　　　　　　　□未明确
	质检人员	共___人，___专业___人，___专业___人 □满足需要　　　□基本满足需要　　　□不满足需要
	特殊工种操作人员持证上岗情况	机械钳工____人，持证____人；焊工____人，持证____人；机加工____人，持证____人；防腐处理____人，持证____人 □满足需要　　　□基本满足需要　　　□不满足需要
规章制度	质量体系认证	□通过　　　　　　　□未通过
	岗位责任制建立情况	共___个，包括_____ □完善　　　　　□基本完善　　　　　□不完善
	质量保证制度	共___个，包括_____ □完善　　　　　□基本完善　　　　　□不完善
	工艺文件	工艺文件共___个，包括_____ □完善　　　　　□基本完善　　　　　□不完善
	外购、外协件质量保证体系	许可证_____ □满足　　　　　　　□不满足
监理单位检查意见： 　　　　　　　　　　　　　　　　　　　　　　　　检查人：(签名) 　　　　　　　　　　　　　　　　　　　　　　　　　　年　　月　　日			
项目法人复查意见： 　　　　　　　　　　　　　　　　　　　　　　　　复查人：(签名) 　　　　　　　　　　　　　　　　　　　　　　　　　　年　　月　　日			
质量监督机构核查意见： 　　　　　　　　　　　　　　　　　　　　　　质量监督人员：(签名) 　　　　　　　　　　　　　　　　　　　　　　　　　　年　　月　　日			

表 B.6 检测单位质量保证体系检查表

检测单位：

检查项目	检查内容	检查情况
组织机构	检测资质	资质等级：_____ 资质证书编号：_____ 资质类别：□岩土工程 □混凝土工程 □金属结构 　　　　　□机械电气 □量测 □满足要求　　　　　　□不满足要求
组织机构	工地实验室	成立文件：_____ 实验室负责人、技术负责人、质量负责人是否明确： □明确　　　□未明确
工地实验室人员	人员情况	检测人员数量：共____人,持证____人 专业情况：岩土工程类____人,混凝土工程类____人, 　　　　　金属结构类____人,机械电气类____人, 　　　　　量测类____人 □满足要求　　□基本满足要求　　□不满足要求
工地实验室人员	实验室负责人	任职:□符合规定　　□不符合规定
工地实验室人员	技术负责人	职称_____:□符合规定　□不符合规定
工地实验室人员	质量负责人	职称_____:□符合规定　□不符合规定
现场设备仪器	设备仪器	主要检测设备(附一览表,注明仪器名称、编号、型号、测量范围、准确度等级、不确定度、量值溯源) 是否满足检测工作需要:□满足　□基本满足　　□不满足
现场设备仪器	设备仪器检定情况	主要检测设备数量____,其中检定设备数量____,未检定设备数量____ □符合规定　　　　　　□不符合规定
现场设备仪器	检测参数	授权检测参数共____个,其中岩土工程类____个,混凝土工程类____个,金属结构类____个,机械电气类____个,量测类____个 未授权检测参数____个
实验室设施和环境	设施场地	是否满足检验工作的正常运行: □满足　　　□基本满足　　　□不满足
实验室设施和环境	环境条件	是否按规定进行监测控制: □按规定　　　　□不按规定
实验室设施和环境	内务和安全管理	是否制定内务和安全管理措施: □制定　　　　　□未制定
质量保证制度	维护制度	□制定　　　　□未制定
质量保证制度	仪器设备状态标识	□规范　　　　□不规范
质量保证制度	仪器设备档案	□建立　□不规范　　□未建立
质量保证制度	仪器设备的检定校验计划	□制定　　□未制定
质量保证制度	质量内控制度建立	质量手册、程序文件、作业指导书等制定情况: □完善　　□基本完善　　□不完善

项目法人检查意见：

检查人:(签名)
年　　月　　日

质量监督机构核查意见：

质量监督员:(签名)
年　　月　　日

附录 C 质量监督结果通知书格式

C.1 体系监督检查结果通知书

＿＿＿＿＿＿＿＿＿＿＿＿＿＿＿（项目法人）：

×××× 年 ×× 月 ×× 日至 ×× 月 ×× 日，我站质量监督人员对 ×××× 工程各参建单位及检测单位的质量体系进行了检查。现将监督检查结果通知如下：

一、项目法人

（一）基本情况

（二）存在的问题

二、监理单位

（一）基本情况

（二）存在的问题

三、施工单位

（一）基本情况

（二）存在的问题

四、设计单位

（一）基本情况

（二）存在的问题

……

针对以上问题，项目法人（现场管理机构）应＿＿＿＿＿＿＿＿＿＿＿＿＿＿＿＿＿＿＿＿＿＿＿＿＿＿＿＿＿＿＿＿＿＿＿进行整改，并将整改情况报我站备查。

质量监督机构（盖章）

年　月　日

抄送：（问题比较严重时抄水行政主管部门或市（县）人民政府）

C.2 质量监督检查结果通知书

＿＿＿＿＿＿＿＿＿＿＿＿＿＿＿（项目法人）：

×××年××月××日，××站质量监督人员对＿＿＿＿＿＿＿＿＿＿＿＿＿＿＿＿工程进行了监督检查，发现存在以下问题：

一、项目法人

（一）＿＿＿＿＿＿＿＿＿＿＿＿＿＿＿＿＿＿＿＿＿＿＿＿＿＿＿＿＿＿＿＿＿＿＿＿＿。

（二）＿＿＿＿＿＿＿＿＿＿＿＿＿＿＿＿＿＿＿＿＿＿＿＿＿＿＿＿＿＿＿＿＿＿＿＿＿。

……

二、监理单位

（一）＿＿＿＿＿＿＿＿＿＿＿＿＿＿＿＿＿＿＿＿＿＿＿＿＿＿＿＿＿＿＿＿＿＿＿＿＿。

（二）＿＿＿＿＿＿＿＿＿＿＿＿＿＿＿＿＿＿＿＿＿＿＿＿＿＿＿＿＿＿＿＿＿＿＿＿＿。

……

三、施工单位

（一）＿＿＿＿＿＿＿＿＿＿＿＿＿＿＿＿＿＿＿＿＿＿＿＿＿＿＿＿＿＿＿＿＿＿＿＿＿。

（二）＿＿＿＿＿＿＿＿＿＿＿＿＿＿＿＿＿＿＿＿＿＿＿＿＿＿＿＿＿＿＿＿＿＿＿＿＿。

……

四、设计单位

（一）＿＿＿＿＿＿＿＿＿＿＿＿＿＿＿＿＿＿＿＿＿＿＿＿＿＿＿＿＿＿＿＿＿＿＿＿＿。

（二）＿＿＿＿＿＿＿＿＿＿＿＿＿＿＿＿＿＿＿＿＿＿＿＿＿＿＿＿＿＿＿＿＿＿＿＿＿。

……

针对以上问题，项目法人（现场管理机构）应＿＿＿＿＿＿＿＿＿＿＿＿＿＿＿＿＿＿＿＿＿＿＿＿＿＿＿＿＿＿＿＿＿＿进行整改，并将整改情况报我站备查。

质量监督机构（盖章）

年　月　日

抄送：（问题比较严重时抄水行政主管部门或市（县）人民政府）

附录 D 质量监督工作记录表格式

质量监督工作记录表

工程名称					
时间	_____年___月___日　　星期____				
天气		最高气温		最低气温	

填写人：

附录 E 单元工程施工质量验收评定情况监督抽查表格式

单元工程施工质量验收评定情况监督抽查表

工程名称：

抽查时间：

分部工程名称及编码	单元工程名称及编码	单元工程质量等级	单元工程抽查意见								单元工程评定资料抽查结论	备注
			表格使用是否规范	"三检"/原始记录资料是否完整	评定结果是否准确	检验项目是否齐全	质量标准引用是否准确	检验数量是否满足	表格填写是否规范	监理抽检资料是否完整		
			□是 □否	□是 □否	□是 □否	□是 □否	□是 □否	□是 □否	□是 □否	□是 □否	□齐全 □基本齐全 □不齐全	
			□是 □否	□是 □否	□是 □否	□是 □否	□是 □否	□是 □否	□是 □否	□是 □否	□齐全 □基本齐全 □不齐全	
			□是 □否	□是 □否	□是 □否	□是 □否	□是 □否	□是 □否	□是 □否	□是 □否	□齐全 □基本齐全 □不齐全	
			□是 □否	□是 □否	□是 □否	□是 □否	□是 □否	□是 □否	□是 □否	□是 □否	□齐全 □基本齐全 □不齐全	
			□是 □否	□是 □否	□是 □否	□是 □否	□是 □否	□是 □否	□是 □否	□是 □否	□齐全 □基本齐全 □不齐全	
			□是 □否	□是 □否	□是 □否	□是 □否	□是 □否	□是 □否	□是 □否	□是 □否	□齐全 □基本齐全 □不齐全	
			□是 □否	□是 □否	□是 □否	□是 □否	□是 □否	□是 □否	□是 □否	□是 □否	□齐全 □基本齐全 □不齐全	

项目法人（监理）代表：（签字）　　　　　　　　抽查人：（签字）

填表说明: 1. "三检"/原始记录资料是否完整项目为"否"的，或全部检查项目为"否"的大于6个的，单元工程资料为不齐全。

2. "三检"/原始记录资料是否完整项目为"是"的，其他检查项目为"否"的为1～5个的，单元工程资料为基本齐全。

3. 全部检查项目为"是"的，单元工程资料为齐全。

附录 F 工程质量监督报告(评价意见)格式

一、工程概况

二、质量监督工作

三、参建单位质量管理体系

四、工程项目划分确认

五、工程质量检测

六、工程质量核备与核定

七、工程质量事故和缺陷处理

八、工程项目质量结论意见(阶段验收评价意见)

九、附件

(一)有关该工程项目质量监督人员情况表

(二)工程建设过程中质量监督意见(书面材料)汇总

附录 G 重要隐蔽(关键部位)单元工程质量核查表格式

重要隐蔽(关键部位)单元工程质量核查表

编号:

工程名称			
单位工程名称			
分部工程名称			
单元工程名称		单元工程编码	
工程类别	□ 重要隐蔽单元工程	□ 关键部位单元工程	
联合小组鉴证日期			

项目法人意见:

质量负责人(或质检部门负责人):(签字)
单位名称:(盖公章)
年 月 日

报送人		接收人		接收时间	年 月 日

核查意见:

核查人:
质量监督机构:
年 月 日

备注:当项目法人授权现场管理机构负责有关工程质量评定验收工作的管理时,项目法人认定意见可由现场管理机构质量负责人(质检部门负责人)签名、盖公章。

附录 H 重要隐蔽(关键部位)单元工程质量等级签证表格式

重要隐蔽(关键部位)单元工程质量等级签证表

单位工程名称			单元工程量	
分部工程名称			施工单位	
单元工程名称、部位			自评日期	年 月 日
施工单位 自评意见	1. 自评意见: 2. 自评质量等级: 终检人员:(签名)			
监理单位 抽查意见	抽查意见: 监理工程师:(签名)			
联合小组 核定意见	1. 核定意见: 2. 质量等级: 年 月 日			
保留意见	 (签名)			
备查资料 清单	(1)地质编录　　　　　　　　　　　　　　　　□ (2)测量成果　　　　　　　　　　　　　　　　□ (3)检测试验报告(岩芯试验、软基承载力试验等)　□ (4)影像资料　　　　　　　　　　　　　　　　□ (5)其他(　　　　)　　　　　　　　　　　　□			
联合小组成员		单位名称	职务、职称	签名
	项目法人			
	监理单位			
	设计单位			
	施工单位			
	运行管理			
工程质量 监督机构	核备意见: 核备人:(签名)　　　　负责人:(签名) 年 月 日　　　　　　　年 月 日			

注:重要隐蔽单元工程验收时,设计单位应同时派地质工程师参加。备查资料清单中凡涉及的项目应在"□"内打"√",如有其他资料应在括号内注明资料的名称。

附录 I 验收质量结论核定(核备)报送资料清单表格式

表 I.1 分部工程验收质量结论核定(核备)报送资料清单表

编码:

工程名称	
单位工程名称	
分部工程名称	
监理单位	
施工单位	
验收日期	

序号	资料名称	份数
1	分部工程验收鉴定书	_____份
2	分部工程质量评定表	_____份
3	分部工程质量检测资料	_____份
4	验收申请报告	_____份
5	单元工程施工质量验收评定汇总表	_____份
6	单元工程施工质量验收评定资料	_____份
7	原材料、中间产品、混凝土(砂浆)试件等检验与评定资料	_____份
8	金属结构、启闭机、机电产品等检验及运行试验记录资料	_____份
9	监理抽查资料	_____份
10	设计变更资料	_____份
11	质量缺陷备案资料	_____份
12	质量事故资料	_____份
13	其他_____	_____份

报送人		接收人		接收时间		年 月 日

项目法人应按表内清单提供资料原件,并对报送资料的真实性负责。

负责人:(签字)

项目法人:(盖章)

年 月 日

表 I.2 ××工程单元工程施工质量验收评定汇总表格式
××工程
单元工程施工质量验收评定汇总表

分部工程名称：　　　　　　　　　　　　　　　施工单位名称：

序号	单元工程名称	单元工程编码	评定时间	终检人员	监理工程师	复核结果

监理单位审核：　　　　　　　　单位填表：　　　　　　　填表日期　　年　月　日

表 I.3 单位工程验收质量结论核定报送资料清单表

编码：

工程名称	
单位工程名称	
监理单位	
施工单位	
验收日期	

序号	资料目录	份数
1	单位工程验收鉴定书	＿＿＿＿份
2	单位工程施工质量评定表	＿＿＿＿份
3	单位工程施工质量检验与评定资料核查表	＿＿＿＿份
4	单位工程完工质量检测资料	＿＿＿＿份
5	单位工程外观质量评定表	＿＿＿＿份
6	工程施工期及试运行期观测资料及分析结果	＿＿＿＿份
7	竣工图	＿＿＿＿份
8	质量缺陷备案资料	＿＿＿＿份
9	质量事故处理情况资料	＿＿＿＿份
10	分部工程遗留问题已处理情况及验收情况	＿＿＿＿份
11	未完工程清单、未完工程的建设安排	＿＿＿＿份
12	验收申请报告	＿＿＿＿份
13	工程建设管理工作报告	＿＿＿＿份
14	工程建设监理工作报告	＿＿＿＿份
15	工程设计工作报告	＿＿＿＿份
16	工程施工管理工作报告	＿＿＿＿份
17	其他	＿＿＿＿份

报送人		接收人		接收时间		年 月 日

项目法人应按表内清单提供资料原件,并对报送资料的真实性负责。

负责人:(签字)

项目法人:(盖章)

年　月　日

附录 J 工程验收质量结论核查表格式

表 J.1 分部工程验收质量结论核查表

编码:

工程名称	
单位工程名称	
分部工程名称	
施工单位	
验收日期	

核查意见:

核查人:

质量监督机构:

年　月　日

表 J. 2 单位工程验收质量结论核查表

编码：

工程名称	
单位工程名称	
项目法人	
监理单位	
施工单位	
验收日期	

核查意见：

核查人：

质量监督机构：

年 月 日

附录 K 水利水电工程质量缺陷备案登记表格式

水利水电工程施工质量缺陷备案登记表

工程项目名称：

序号	单位工程	分部工程	缺陷类别	报送人	报送日期	登记人	备注